北海道の赤い電車
－さよなら711系－

チーム711編

Photo：豊幌－江別　Tomo

北海道新聞社

はじめに

吹き抜ける地吹雪、真っ白な雪景色。
ぼんやり遠くに灯る4灯のヘッドライト。
冬季閉鎖で雪に埋もれた踏切の警報機が点滅し、
やがてやってくる赤い電車。

アルミやステンレスの銀色電車にはない赤色のあたたかさ。
窓を開けて、北国の外の風を直接顔に受ける心地よさ。
疲れた仕事帰りに4人ボックス席でうたた寝できる安心感。
駅弁を食べながら、旅情を感じることができる空間。

40年あまり、あたりまえのように走ってきたこの電車が、
次第に数を減らし、今年、ついに消えてしまいました。
北海道の旅を演出してきた711系―赤い電車。
この電車に感謝の気持ちをこめて、1冊の本を作りました。

2015年3月　　チーム711　キャプテン　矢野　友宏

前序

捲地而起的漫天暴風雪中，眼前盡是一片銀白景象。
四盞前燈在朦朧中照亮著遠方。
因冬季封閉而深埋於雪堆之中的平交道信號燈開始閃爍，
不久，紅色電車也駛向前來。

它散發著鋁合金或不繡鋼身的銀色電車所沒有的紅色暖意。
打開車窗，北國的冷風直接撲面而來使人心情舒暢。
擁有能讓疲憊下班回家的人們，窩在4人座中打盹的安心感。
以及能讓人們吃著鐵路便當，享受浪漫旅情的空間。

40年餘年來，理所當然持續奔馳的紅色電車，
班次逐年遞減，在今年終於走入了歷史。
711系列紅色電車，在人們的北海道之旅中不曾缺席過。
我們抱持著對它的感謝之情，編製了這本寫真集....

2015年3月　　711團隊　隊長　矢野　友宏

Photo：豊幌−江別　Tomo

厳しい気象条件と隣り合わせの張碓海岸。
海岸沿いの線路を、風雪に耐え、
この冬も通常通り、電車は6時台から走っている。

3月のこの朝は、風もなく穏やかな日だった。
鉛色の海岸はまだ寒々とした色合いだが、
初春とも言えるこの日の日差しは、明らかに2月までのそれとは違っていた。
日の出直後はキンキンにシバレていても、
やがてぽかぽかした空気が満ちてきた。春はそこまで来ている。
そんな日に撮影した、雪景色の恵比寿岩と赤い電車。
忘れられない思い出の1枚。

　　　　　　　　　　　　　　　　　　　　番匠　克久

Photo：銭函−朝里　Katsu

桜の向こう

桜の季節には、毎年欠かさず南小樽に行っていた。
目的はもちろん、この赤い電車—711系と桜を撮るためである。

本州の電車よりはやや小ぶりの二重窓に、デッキが付いた交流電車。
いかにも北海道向けといったこの赤い電車が、
起伏に富み、家並が建て込み、
ちょっと北海道離れした小樽の街の風景を走っている。
そんなコントラストがとても好きだった。

歴史ある南小樽駅の桜は、品種も道内のそれと異なり、
いっそう「内地の北限」といった風情を感じさせる。

はらはらと舞い散る桜を眺めながら、
「この場所で、いったいどれだけの出会いや別れを見守ってきたのだろう」
そんなことを思いおこさせる撮影の思い出である。

林下　郁夫

Photo：南小樽　Iku

ポプラと電車

自分が子供の頃、テストの裏面によく描いていた711系電車。
写真を撮り始めた頃、正面の貫通扉にヘッドマークが付くようになった。
「くる来る電車 ポプラ号」
その頃、711系電車は、あずき色から赤色にクリーム色のラインに変わった。

あれから30年。
いつしか、そんな私が子供を連れて歩くようになっていた。

2011年6月から、一部の711系がデビュー当時の懐かしのあずき色に塗り戻され、
通常の赤い電車に混じって走るようになっていたが、それは実にレアな存在。
今日はそのレアな色の711系が6両編成でやってくるという。

電車にあまり関心がなく、気ままに行動する子どもたちの
面倒を見ながらも、この電車を撮るためには…？
「連れて行くしか方法はない…」

自分ひとりと違って、あれやこれやと準備には時間がかかる。
ハードルは高めだったが、なんとか無事にミッションクリア(^_^)／
子供たちを、ポプラをバックに「くる来る電車 ポプラ号」撮影成功。

はたして、この子らが大人になる30年後は
どんな世の中になっているのだろう。

矢野　友宏

Photo：白石−苗穂 Tomo

711系電車引退に寄せて

　711系電車といえば、半世紀近く前の1970年。雑誌社の依頼で、冬の張碓駅で撮影したことが思い出される。本州人にとっては厳し過ぎるほどの寒さ。目の前に広がる石狩湾からは、浪の花と雪混じりの強風がビュービューと吹きつける、強烈な条件であったが、眼前に聳え立つ白い巨岩を背景に、鮮やかな臙脂色の車体が映えて、「これぞ北海道の電車！」という満足の作品を得ることができた。

　当時の函館本線といえば、まだ蒸気機関車が牽く茶色の客車列車や、エンジン音も勇ましい気動車がほとんどであったから、文字通り「紅一点」。711系電車に大変魅力を感じたものであった。乗ってみると、明るい車内に座り心地の良い座席。そして、静かに滑るように走る乗り心地に感嘆した覚えがある。その後、711系は電化の進展により、旭川や室蘭までも活躍範囲が広がり、渡道の度にお世話になる機会も多かった。

　最後の乗車は、もう10年位前になるだろうか。帰りの新千歳空港行快速「エアポート」が、偶然711系であった。わずかな時間ではあったが、昔と変わらない優れた乗り心地と、その俊足ぶりを十分味わうことができたのが、良い思い出となった。今でも赤い電車が、ときおり脳裏にふと蘇ることがある。

寺田　牧夫

Photo：妹背牛−江部乙　Take

テレビに「今晩は水道凍結にご注意下さい」のテロップが出ると
もしかしたら、明日は美しい樹氷が見られるかな？と想像してしまう。
しかし、まだ12月だというのに、こんなにシバレるなんて。なにかの間違いじゃないの？
半信半疑で迎えた朝。なんと氷点下25℃。まさに鼻毛も凍る世界です。
カチカチに冷えたハンドルを握り、通称「近文カーブ」へ車を走らせます。
そこはまさに白銀の世界。やわらかい朝の光が、美しい樹氷林と赤い電車を包み込んでくれます。
一日の始まりに、こんな素晴らしい風景を見られるなんて。よし!!今日もがんばろう。
やがて春が来て、赤い電車も消え、私の早起き生活も終了しました。

安田　威

Photo：伊納−近文　Take

回想

美唄市民の足として、地域の発展に大きく活躍され、
「赤い電車」として親しまれた「711系」の引退は、
残念ではありますが、私たちにとっては、これも時代の移り変わりの中で
その役目を終えたものと受け止めるしかありません。

思い出してみると、朝晩に踏み切り待ちをしていると
「ゴトゴト」とやってくる光景をよく目にしていましたし、
国道12号では車と併走したことも覚えております。

また、夏の新緑や冬の白い情景に溶け込む赤い勇姿は、
とても印象的でした。
引退は残念ですが、赤い電車は忘れません。
お疲れ様でした。

　　　　　　　　　美唄市長　髙橋　幹夫

Photo：奈井江−茶志内　Tomo

Photo：岩見沢　Tomo

マニュアル機器が並ぶ赤い電車の運転台　Photo：Take

指差確認　Photo：Take

快速空港ライナーより
Photo：白石　Iku

運転台の後ろは男の遺伝子を刺激する
Photo：札幌−桑園　Iku

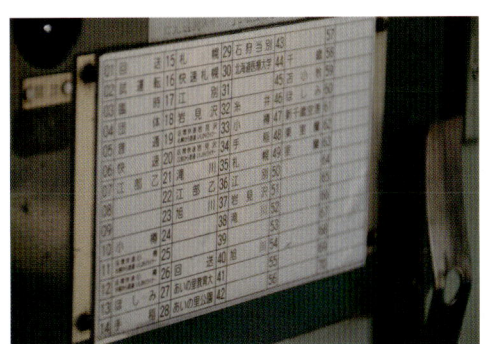

711系デビューの頃を振り返って

国鉄時代に急行「かむい」の車両を運転しました。鮮やかな真っ赤な車体が印象的で、スピードも速くて、沿線のみなさんに大変喜ばれたのを覚えています。それまでは蒸気機関車しか運転したことがなかったので、故障も少なくて、とても運転しやすい車両でした。私が初めて運転した電車ですし、引退してしまうことをさみしく思います。

桑島　守（元国鉄運転士）

神居トンネル

　高度経済成長期の真っただ中、1967年の夏の暑い日だった。母に手を引かれ、急行と鈍行を乗り継いで向かったのは、旧神居古潭駅前に住む叔父の家。当時結婚したばかりの叔父は、国鉄函館本線 小樽―旭川間、電化計画の最大の難所といわれた、神居トンネルの工事現場で働いていた。
　「電車は煙なんか一切出さない。トンネルが汚れることはないだろうな」。プレハブの仮設住宅で、叔父はススで汚れた顔を拭きながら笑った。
　そのころ札幌近郊では、すでに711系電車が試運転を始めていた。開通したトンネルを、新しい電車に乗って通過するのが夢だと語っていた叔父だったが、完成後すぐに次の仕事場へ。トンネルをかけ抜ける711系の勇姿さえ見ることなく、本州へと渡った。
　じん肺の影響で 40代半ばの若さでこの世を去るまで、現場一筋だった叔父。711系が消えたこのトンネルを抜けるたび、彼の笑顔を思い出す。

菊地　賢洋

Photo：石狩太美―石狩当別　Katsu

神居古潭へと続く旧線跡はサイクリングロードになった　Photo：近文−伊納　Tomo

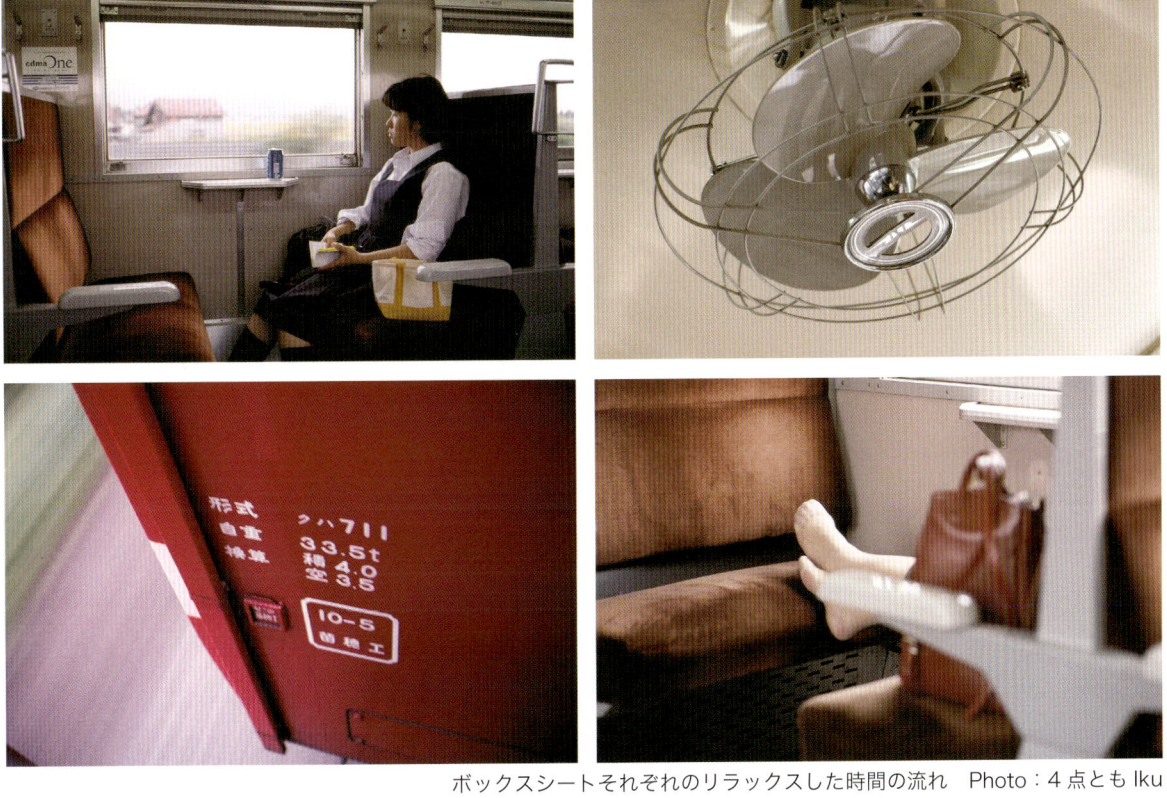

ボックスシートそれぞれのリラックスした時間の流れ　Photo：4点とも Iku

割と好きです。峰延の地味な踏切。　Photo：峰延−岩見沢　Tomo

Photo：峰延−岩見沢　Tomo

青々と実り始めた小麦。
この小麦はスポンジのようにしっとりとしたパンが作れる薄力粉の「きたほなみ」。
隣の畑に実っているのは外国のパンに負けない超強力粉の「ゆめちから」と言うんだそうだ。
言われてみると、確かに微妙に穂の形や色が違う。
そんな小麦畑の上に広がる青い空、白い雲、そして今は人が住んでいない赤い屋根の家。
やがて、踏切が鳴り、
「シャー」という音とともに、颯爽と赤い電車が通り抜けてゆく、ある北海道の一風景。

近所の保育園の園児たち。
昼のお散歩で赤い電車のお見送り。
この写真を撮ってから10年あまりの時が過ぎた。
そして、この白石駅は再開発で立派な駅舎に生まれ変わった。
このスポットには、今では立派なレンガの壁が建っている。
いつしか、子供の頃の思い出は、遠くへ行ってしまうものだろう。

Photo：白石 Iku

青から赤のグラデーションを描く東の空に、
爪のような細い月がひっそりと輝いている。

さらさらな雪を巻き上げ、静かに走る電車。
早朝の雪原に反射する一番列車の窓あかり。
踏切の明かりだけが電車を赤く照らしだす。

スマホ見ている女子学生。
居眠りしている男子学生。
早朝朝練の通学生を乗せて、
大雪が降った翌朝も走る。

本来は６両編成のはずのこの列車、
前日の暴風雪でダイヤが乱れて部分運休。
３両だけで旭川に向かって行く。

「赤い電車」が繋げる縁〜「赤い電車伝説」

私にとっての北海道は、40年くらい前、蒸気機関車の煙を追って、ひたすら線路を歩いた思い出の地です。
その頃からの美唄の友人は、40年経てなお、地元で毎日のように711系電車を撮り続けています。
2014年秋、私は「赤い電車」のカレンダーを制作したチーム711のメンバーとフェイスブックを介して
知り合いになり、赤い電車に情熱を燃やす美唄の友人に紹介しました。
「赤い電車」の引退を惜しむ声は、いつしか共通言語になったようで、この出会いをきっかけにして、
岩見沢と美唄での写真展をはじめ、さまざまなコラボレーションが実現しました。
「赤い電車」が最後に我々にくれたプレゼントとして、「赤い糸」のような「絆」を贈ってくれたように
感じました。私にとっては「赤い電車伝説」と言っても、ちっともオーバーではないくらい、
奇跡的なことのように思います。ありがとう。

志水　茂

Photo：峰延−光珠内　Tomo

線路端の家庭菜園は鉄道と人の営みを身近に感じられる素敵な空間。

Photo：白石–厚別　Tomo

バラにも見劣りしない、大輪で華やかなシャクヤクの花。
ほんのり香り、散るときは桜のようにはらはらと。
短い花の命。後ろを走る赤い電車と出会うのも最後です。

Photo：厚別−森林公園　Tomo

タンポポが生命感をみなぎらせる季節。

Photo：厚別−森林公園　Tomo

目を閉じれば、四季と共に浮かぶ赤い電車

子供のころから乗りたかった711。
「急行」の文字を誇らしげに掲げて走る姿にあこがれたものでした。
写真撮影がまだ出来ない頃は、踏切や駅で「君」の姿をいつも眺めていました。
中学生になってカメラを手にしてから、身近な「君」の姿をよく撮影していました。
高校生になると、汽車通生だったので毎日「君」に乗って通学しました。
電車って、人を運ぶためだけのものではないと私は思うのです。
まさに多くの皆様の「人生」や「思い出」を運んできた711。

今、ついにお別れの時がきたようです。
ありがとう。そしてご苦労様でした。
私たちは、「君」のことを、決して忘れることはないでしょう。
私たちの記憶の中で、いつまでも走り続けていきます。
いつまでも、いつまでも…

　　　　　　　　　　　　　　　佐藤　直幸

まちとこころと「赤電車」

真っ赤な顔した「赤電車」。
みんなが愛する「赤電車」。
真っ白な雪の中を走り去る、
真っ赤な色がまちをあたたかくしてくれました。

夜遅く仕事が終わり電車で帰る時、
赤い電車が来た時、乗った時、
心があたたかくなりました。

まちとこころをあたたかくしてくれた
真っ赤な赤電車、大好きです。

　　　　　　　　　　　五十嵐　紀恵

Photo：石狩太美–石狩当別　Tomo

涙雨の中、デビュー時から走り続けた試作電車のラストラン。

Photo：錦岡　Iku

鉄道員(ぽっぽや)の所作は今も昔も変わらない。

Photo：札幌　Iku

全国標準の近郊型電車顔。
均整がとれていて愛嬌に欠け、どこか素っ気ない。
いつの頃からか長年の風雪に耐えて、
よい顔つきになったと思えるようになった。

Photo：幌向−豊幌　Iku

試作車の大きな窓ごしに見る赤い電車。夕方の通勤風景。

Photo：大麻　Iku

登場時には、そのなめらかな加減速が乗客の驚きの的だったという。

Photo：札幌　Iku

赤い電車最後の夏。2014年にこんな昭和的、
大衆的な絵が撮れるなんて、
思ってもみませんでした。電車も名脇役です。

Photo：札幌　Take

連結風景を眺めるのも、意外と楽しい時間でした。

Photo：小樽　Iku

「あら、2ドア車だ」「席あるかしら」

Photo：札幌　Iku

近郊型の711系が本領を発揮出来たのは、
実は、721系増備後に誕生した快速運用だったのかもしれない。

Photo：札幌　Iku

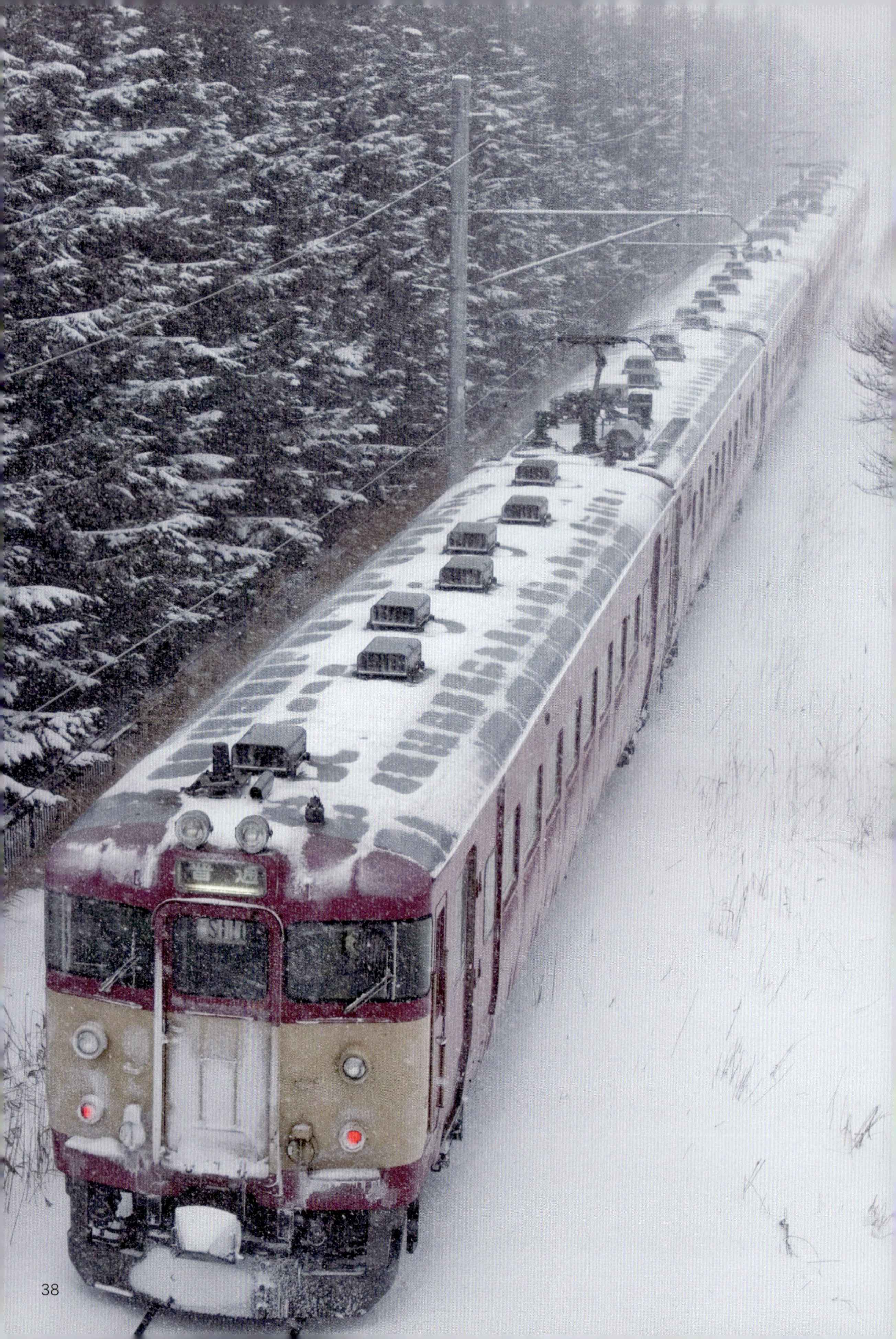
普通

Photo：発寒−稲積公園　Iku

ボックスシートに関する一考察

　711系電車が終焉を迎える。それは、4人掛けのボックスシートが札幌近郊の電車から姿を消すことを意味する。4人で座るには少々狭いなと感じたり、知らない人との相席に緊張したりした人もいるだろう。しかし、この背もたれが作る4人ボックス。これが電車の中の雰囲気を形成する上で、とても重要な意味を持っていると思う。

　多くの人々が移動する手段として使う公的な空間に、小さくマス席のように仕切られた空間は、ちょっとした私的空間でもある。弁当を食べたり、化粧をしたり、窓を開けたり、会話をしたり、居眠りをしたり等々。このボックスに仕切られた4人以内の私的空間では、不思議と他のボックスへの関心が薄らいでいく。そして、このボックス内での「時間と感動の共有」こそが、旅の魅力の本質だったりするのではないだろうか。ついでに言うと、ボックス1つにつき、もれなく付いてくる車窓という「1枚の絵」。その車窓の観賞方法もこのシートならではのものである。

　一方、全国的にも一般化しつつあるロングシート。それは、言ってみれば「ファスト風土」。どこに行っても均一的な車内空間と雰囲気を作り出す。例えていうと、ガランとした車内にいる小さな生物にとって、木陰も潮だまりもない。大袈裟に言えば、旅人にとっての安息の空間が失われた、とでも表現できるのではないだろうか。

　ボックスシートが作り出す「公」と「私」が微妙に混在したひとつの車両の空間。それがこの電車が持つ最大の魅力だったのではないだろうか。汽車旅の形が変わりつつある。711系の引退に際し、そんなことを思うのであった。

　　　　　　　　　　　　　　　　　　　　　　　　　　林下　郁夫

Photo：あいの里教育大−あいの里公園　Tomo

降りしきる雪。冬の訪れ。　Photo：小樽　Iku

モノトーンの駅に赤い電車。　Photo：小樽　Iku

ランプの灯る頃、静かに発車を待つ。　Photo：小樽　Iku

Photo：小樽　Iku

暗く寒い冬の日にも、黙々と走り続ける。　Photo：南小樽　Iku

銭函の豊足神社は漁の神様。
年越しも変わることなく電車は走る。
Photo：ほしみ−銭函　Iku

もうすぐ電車がやって来る。Photo：南小樽　Iku

ようやく小樽に着いたと思う瞬間の風景。　Photo：南小樽−小樽　Iku

[新聞記事切り抜き：昭和42年12月25日（月曜日）北海道新聞]
招待試乗電車走る
国鉄電化 **町村知事らテープ**
札幌駅一番ホームでの試運転出発式

Photo：小樽　Iku

Photo：銭函－朝里　Iku

赤電との付き合い

　私の古いアルバムの中に、711系電車の試乗会当日の写真が貼ってある。札幌駅の1番ホームで町村北海道知事、桑折国鉄道支社長、小塩札幌市助役の3人が並び、試運転開始を祝って発車と同時に紅白のテープを切る瞬間を撮った北海道新聞掲載の写真である。1967年12月25日の朝、一般に公開した後11時15分、招待客を乗せて札幌駅を発車、小樽駅へ向かった。実は、この試運転電車の車掌は私である。試乗会の数日前、不意に区長室に呼び込まれての乗務指示だった。

　今思うと、北海道で初めての交流電車711系との付き合いは長い。1966年11月、手稲－銭函間の電化試験線が完成し、翌年2月には711系試作電車4両が札幌運転区に着いた。試験運転は2両編成で深夜、乗務員訓練を併せて行われた。その後、試験線は手稲－朝里間に延伸され耐寒耐雪、性能、誘導障害などの試験が行われたが、試作電車の試験運転には私が所属する札幌車掌区の車掌が乗務した。

　小樽－滝川間の電化が完成し、711系が石狩平原を疾走し始めたころ、私は急行や特急乗務の専務車掌に昇格し、普通列車の711系とは縁遠くなっていた。1969年10月、複線電化が旭川まで延伸され、小樽－旭川間に711系電車による急行「かむい」が新設された。このとき私は初めて営業用の711系に乗務をした。電車は雪に弱いといわれていたが、風雪による車両故障はほとんどない頑丈な車体だった。乗り心地もよかった。その711系が廃車になる。老朽化だとか。あれから48年、ふと寂しさがよぎる。

　　　　　田中　和夫（作家・元国鉄車掌長）

出発時刻。飛び乗った赤い電車。

小樽 南樽市場のこいのぼり

雪解け水が流れる勝納川に240匹の鯉のぼりと60枚の大漁旗。
ゴールデンウィークに国道5号を小樽市内に向かうと、
南樽市場横の高砂橋から見える光景。

711系電車の廃止も発表された最後の春、
カメラマンの数も次第に増えつつあった。
向こう側の真砂橋にも見ることができる、同じ目的のカメラマンの姿。
これもまた風物詩のひとつなのかもしれない。

矢野　友宏

Photo：南小樽―小樽築港　Tomo

まつりの喧騒をかすめて、街をつなぐ。
Photo：小樽−南小樽　Iku

まつりが終わると、短い夏も終わる。　Photo：小樽–南小樽　Iku

花火大会の夜。　Photo：札幌　Iku

Photo：札幌　Iku

Photo：稲穂　Iku

49

きれいに晴れ渡った初夏の朝、
真っ青に広がる海と鮮やかな新緑。
きれいな真っ赤なひとすじの電車が風景のアクセント。

Photo：朝里−銭函　Katsu

「これしか汽車ないのー?!」
とっておきの夏の思い出。

Photo：張碓　Iku

じりじりとした日焼けの痛みを思い出す。　Photo：張碓　Iku

何もない、海との時間。　Photo：張碓　Iku

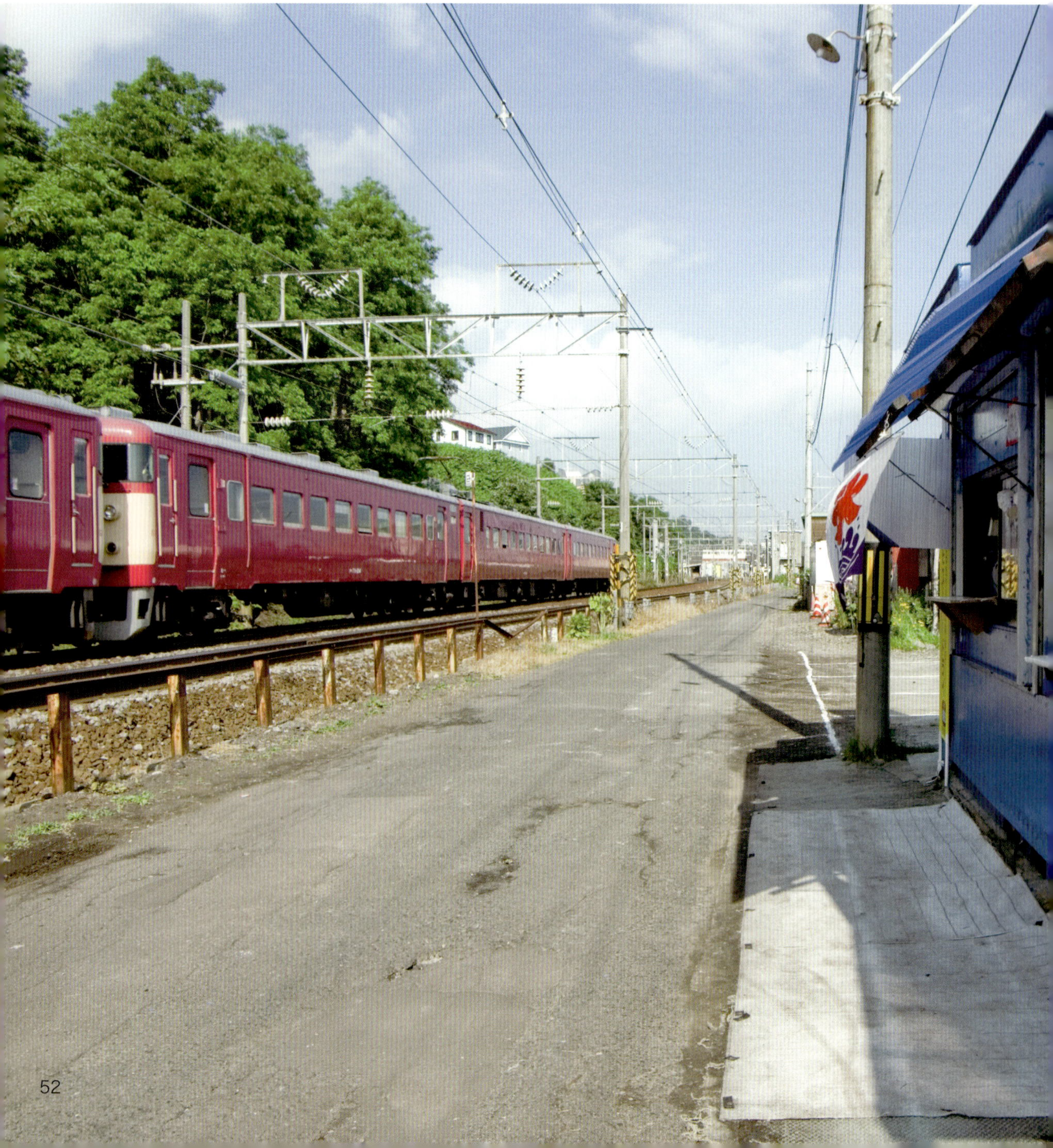

扇風機の音が、あの夏の記憶。　Photo：小樽　Iku

窓から海が見えると、ワクワクします。　Photo：銭函−朝里　Iku

短い夏の到来！オープンしたばかりの海の家。
「氷」の暖簾がひらひら、「生ビ〜ル 500円」。

窓が開くという、しあわせ。　Photo：銭函−朝里　Iku

Photo：朝里−銭函　Tomo

Photo：朝里−銭函　Tomo

711系の思い出

　私が711系に初めて出会ったのは、高校生の夏休みに北海道を一周するために来道した30数年も前のこと。道内に健在だった盲腸線と呼ばれる短い線区や長大ローカル線に乗車するためにやって来た時です。札幌から道北へ向かう途中に初めて急行「かむい」のデッキに乗りました。クーラー付の急行は東京では当たり前でしたが、この地ではクーラーは特急以外には搭載されておらず、札幌から滝川まで蒸し風呂のデッキに乗車したことが思い出されます。
　後にも先にもこれが最初で最後の711系急行の乗車だったかもしれません。高速で疾走する姿も魅力ですが、音も無くスルスルと出発する走りも他の車両には無い良さだったと改めて気が付きました。

松村　寛

麗らかに暮れる春の夕べ。　Photo：南小樽―小樽　Iku

小麦畑が多くて、黄緑から黄金色まで、
季節の変化による色の変化が美しい。
刈り取りまぎわの小麦色。

Photo：奈井江−茶志内　Tomo

赤電通学の3年間、ついに終焉

　奈井江から美唄まで、通学で利用しました。春夏秋冬、鮮やかな四季彩の風景の中、鮮やかな真っ赤な車体が印象的な電車。約3年間、どんなに雨や雪がひどくても、711系は定刻でやって来ました。

　特に印象深いのは冬場です。雪煙を巻き上げて、颯爽と走り去って行く姿はとても綺麗でした。真っ赤な車体は白い雪にとてもマッチして、いかにも北海道らしい風景でした。

　朝は岩見沢発旭川行の6連を見てから学校に行くのが、自分のスタートでした。滝川で切り離して折り返してくる後ろの3連に乗って、美唄に通学。そして、711系で帰ってくる生活が続きました。日常の赤電通学も、この3月で卒業です。卒業式の帰りも、やはり711系で帰ってきました。

　そしてついにやってきたお別れの日、3月13日。711系ラストランの144M列車。毎日当たり前のように乗っていた赤電が引退するのは張り裂けるような悲しみです。「ピィーーー」岩見沢を発車する時の汽笛は、とても印象的でした。

宮田　幸貴

Photo：江部乙−妹背牛　Katsu

Photo：朝里−小樽築港　Tomo

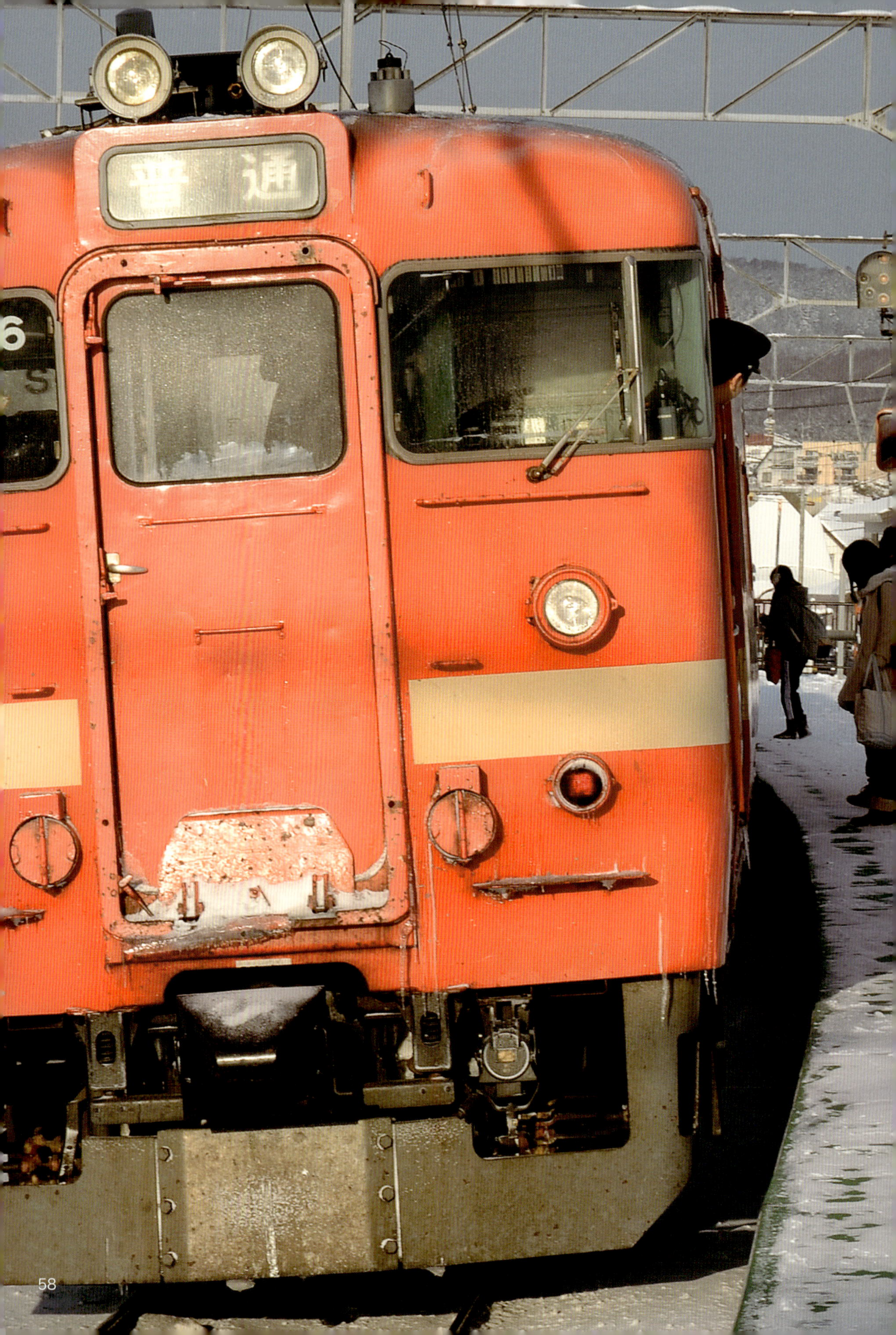
普通

朝の近文駅、氷点下16℃。
空気も凍りつくなか、やわらかい朝の光が通学生を包み込み、
粉雪が舞うホームに車掌さんのホイッスルが響きます。
若い車掌が元気な声で、「側灯よし!!」。

気合が入ってました。

Photo：近文　Take

無人駅が増え、ホームでの敬礼シーンも、
今ではほとんどの駅で見ることが少なくなりました。
Photo：札幌　Take

赤いジャンパーの男の子。ずっと後に、この光景を覚えているのだろうか。　　Photo：札幌　Take

デッキまで混雑している様子を狙ったが、彼女は意外と余裕を見せていた。
Photo：札幌　Iku

「これ本当に快速かしら」
戸惑う乗客も。
Photo：札幌　Iku

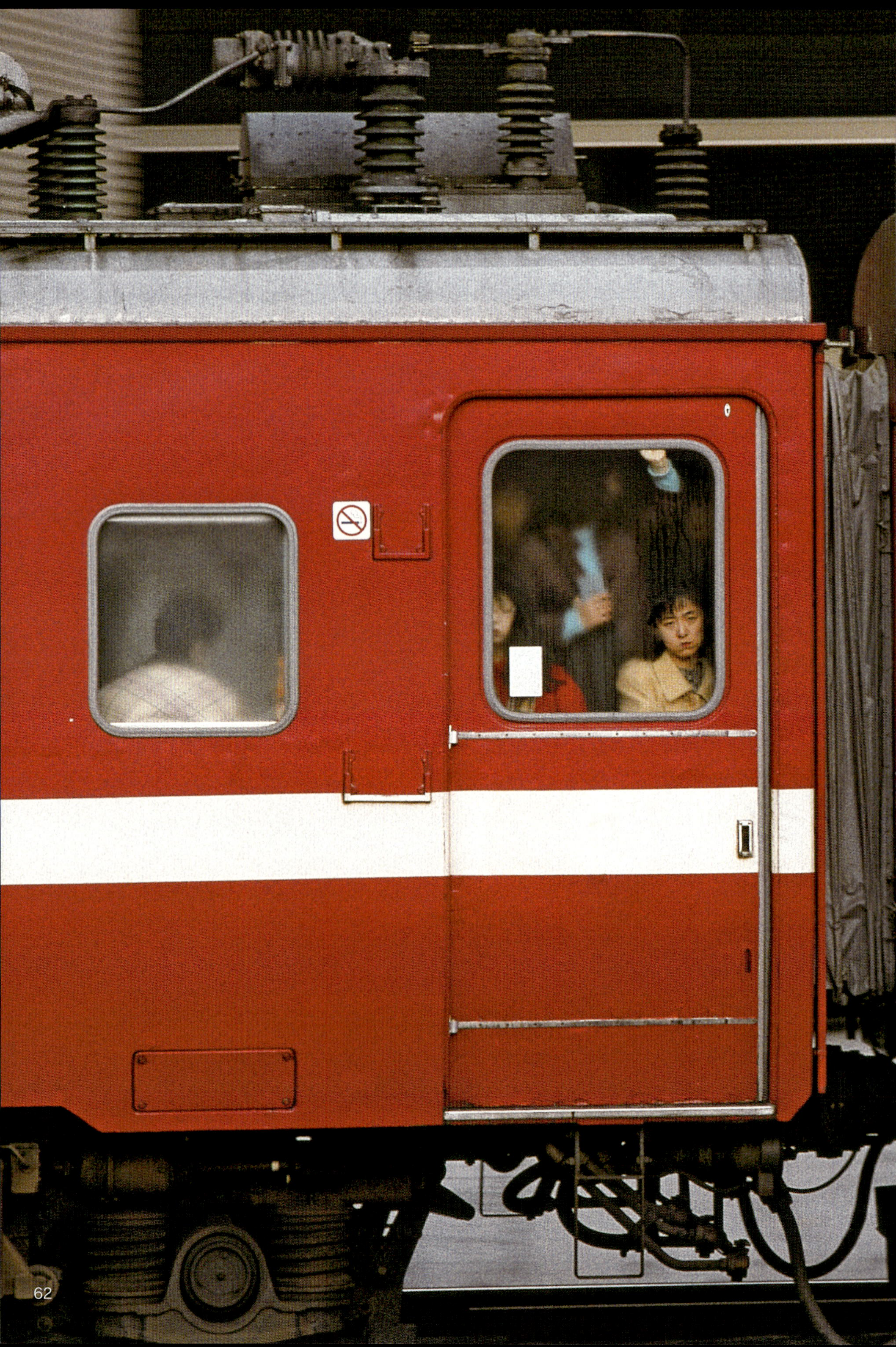

札サウ
定員 96

Photo：札幌 Iku

乗客も車掌も「乗れるかな〜」。

Photo：札幌　Iku

デッキ付2扉車という、
乗客を寒さから守る為の車体レイアウトは、
肥大化した札幌圏の通勤輸送には災いした。
遅延を出し、新型電車に煽られながら、
黙々と走る姿が見られるようになった。

退く時が近づいてきた。

Photo：札幌　Iku

今日も遅延した711系電車から、
通勤客が吐き出される。
見ている方もホッとする瞬間。
　　　　Photo：札幌　Iku

Photo：札幌　Iku

Photo：旭川　Iku

Photo：札幌　Iku

65

Photo：白石−苗穂　Tomo

Photo：琴似−発寒中央　Tomo

Photo：妹背牛　Take

Photo：富浦　Tomo

Photo：苫小牧　Tomo

モハ711-103

Photo：札幌 Iku

Photo：上野幌→北広島　Iku

711系の印象

　まだ高校生だった頃、夏の暑い日に711系に揺られながら窓を全開にしていた。光珠内駅に着くと、きれいに並んだ防雪林、広々とした麦畑と青空、711系の赤色とのコントラストがとても印象的で、まさに北海道らしい牧歌的な車窓風景を今も覚えている。

　新型車両への置き換えが発表されてから、可能な限り沿線へ出向き、最後の運行の日まで撮影し続けた。最後の列車に乗ろうか、それとも沿線で撮ろうかといろいろ悩んだが、私は岩見沢駅のホームで出発を見送ることにした。ドアが閉まり、長い汽笛が鳴り響くと、その音は私の心の奥底にまで伝わってきた。こみ上げる感情をそのままに、夢中でシャッターを切った。711系との出会いに感謝しながら…。

衣斐　隆

Photo：砂川−滝川　Ebi

欄干に、プラレールの線路を置いてみました。近くの警報が鳴って、電車の音が近づくころ、よりによって、横風で線路ごと落下しました。パンタグラフが外れバラバラになりながらも、さすがおもちゃ。大きな問題ではありません。ここは冷静に青い線路の再敷設はあきらめて、とりあえず電車だけ静かに欄干に乗せました。

Photo：岩見沢　Tomo

満開の桜、待たずに

　JR北海道の函館本線厚別―森林公園の間にある「西通り踏切」は列車がきれいにカーブを切るので、鉄道ファンに人気のスポットだ。とりわけ、711系「赤電」が通過するときは大勢のカメラマンが詰め掛けていた。

　家が近いので、私も休日は望遠レンズを手に「カンカン」と警報機が鳴るのを待ち構えた。以前、赤電は朝の8時台に札幌方面が2本、9時過ぎには江別方面が1本行き交っていた。いずれも6両編成の堂々たる走りっぷりだ。

　「赤電廃止」が確定的になったとき、踏切の四季の趣を写真で残そうと思い立った。舞台セットには事欠かない。春は線路を挟んで桜が咲き誇る。その花びらが散ると緑の季節がやって来た。秋は紅葉も見事だ。そして何より、真冬に雪を蹴立てて走る赤電そのものが力強く美しい。

　厳冬期が過ぎ、刻々と別れが近づいた今年3月。ダイヤ改正を前に再び雪が降りしきり、赤電はその白く染まった花道を名残惜しそうに走り切った。その後、踏切にも春の兆しが見え始めたが、赤電の姿を再び見ることはない。北海道の電車のパイオニアは、満開の桜を待たずに静かに役割を終えた。

原田　伸一

Photo：森林公園−厚別　Harada

小樽発岩見沢行き849M～711系一番電車に乗って

星　良助（鉄道史家）

小樽駅の祝賀ムード～海岸線を抜けて

　北海道2世紀目の夜明けをつげるように石狩平野を横切って小樽～滝川間（117.3km）に、弁慶ならぬ国電711系が走り出した。
　そのむかし「義経」「弁慶」が走り出してから満88年目の、月こそ違え同じ28日というとなにか因縁めいてくるが、昭和43（1968）年8月28日札幌をはじめ小樽・岩見沢・滝川の各駅で恒例の出発式があり、それぞれ一番電車が走りはじめた。そのうち、849M小樽発岩見沢行に乗る機会を得たのでその模様をお知らせしたい。
　うす曇りの朝、7時40分。岩見沢からの842Mが祝賀看板を先頭に小樽駅2番ホームにすべり込んでくる。折り返し849Mになるのだ。通勤・通学で満員のお客がひき潮のようにホームから姿を消すと、駅員は用意してあった祝賀看板をつけるやら、テープの柱をたてるやら、くす玉をつるなど準備にてんてこまい。国鉄大宮工場のブラスバンドがホームに勢揃いする。報道陣や鉄道ファンがカメラの放列をしく。8時20分出発式が始まり、稲垣小樽市長、桑折国鉄北海道支社長の挨拶、つづいて花束の贈呈と、雰囲気のもり上がるうちにとなりの1番ホームに下り特急北海が到着、あかない窓からカメラをかまえる乗客も少なくない。やがて特急が出てゆき、いよいよ本日のスター711系電車のスタート。
　支社長と市長のハサミで赤白のテープが左右にわかれくす玉から花吹雪がまいちるとタイフォンの音も軽くノッチが入る。TVカメラのライトがまばゆい駅構内をでてすぐ左へカーブ。市街地を横切るために高架線へと力強くのぼって行く。新装なったHホテルの9階スカイラウンジを左手にみながら右へカーブしこう配を下って、鉄橋を渡ると南小樽。ここから乗ったお客はほとんど席がない。かなりの立ちんぼうが次の小樽築港でまた増えた。この電車に乗るために出勤・通学時間をずらしたひとがかなりいることが乗客同士の会話でわかる。
　「本日は電化第1号電車に御乗車いただきましてありがとうございます」と711系交流電車である旨と、感電事故防止についてお願いのアナウンスが車内に流れる。

　電車は左手に日本海、右に断崖をみながら海岸線をくねくねと走る。編成のメモをとりながら車内を一巡する。1号車クハ711-1、2号車モハ711-1、3号車クハ711-2、4号車クハ711-9、5号車モハ711-5、6号車クハ711-10のいずれも汽車製造会社製の6両編成。

静かで快適な乗心地に人気

　乗り心地については、クハの静かなことはもちろんだが、モハのモーターのうなりも、室内両端の機器室からの音も小さく、ほとんど気にならない。
　今日から9月末日までは、今までの気動車列車を電車列車に置きかえただけでスピードアップはされていないが、各駅とも幾分早着気味で停車時間が普段より長い。乗客の一人、書店主からは「発着が静かで、スピード感もある。早く全列車を電車にとりかえて欲しい。そうなれば道央経済圏の交流がぐんとよくなるだろう。おまけにランニングコストが安くてすむというが、総工費70億円というから国鉄の先行投資も大変だなー」との返事が返ってきた。
　波おだやかな日本海が車窓から消えると銭函。ここを出て右手に変電所がある。電化区間で一番先にできたも

ので、手稲—銭函間試運転開始時から活躍している古株だ。手稲に近づくと電車の基地札幌運転区があり、目下その拡張工事の真っ最中。気動車や客車の群れから離れた側線にポツンと3両編成の赤い電車が停まっている。手稲・琴似と発展する100万都市サッポロのベッドタウンからも、平日以上のお客をのせて電車は札幌へとひたはしる。やがて札幌競馬場を左にみて桑園到着。ここでは北大生や予備校生らが降り、車内にはいくらか余裕ができる。

「つぎは札幌、下り網走・稚内行急行〝はまなす〟〝天北〟にお乗換の方は……」のアナウンスに車内は騒然となる。みんな一番電車に乗って来たことを心の中で誇っているのだろう。職場で、学校で、そして家庭で昼食後のひととき話題はこの電車のことでもちきるのではなかろうか。「おれは一番電車にのったのだ」という満足感と優越感が将来の鉄道ファンを育てないものかと考えていると、「サッポロー、サッポロー」と駅名喚呼。

札幌—岩見沢　横目に見るSLたちへ淡い郷愁

ほとんどの客が降りてしまい、入れかわって家族づれや近郊へ行く行商人が僅かにのってくる。今までの混雑がうそのよう。5分停車ののち、すべるように出発、サイリスタ制御のおかげである。苗穂駅の左手、苗穂機関区にはD51・C57など大型蒸機ばかり十数両が淡い煙をあげている。やがて国鉄線上にSLの姿を見ることができなくなるとのことだが、石炭王国北海道もその例外ではなく、すでにDLやELがその占めるパーセンテージを徐々に伸ばしつつあるのを裏映しにしているようだ。苗穂を出ると、右へカーブしながら豊平川鉄橋をわたる。

ここから厚別にかけては、札幌新貨物駅新設、厚別川橋りょう新設と大工事が右手に続いていて大変景気がよい。厚別—大麻間では、滝川で7時45分に出発式をすませてきたED76Sのひく列車とすれ違う。お互いに短く汽笛で挨拶しあう。大麻は団地の玄関駅。年々ふえる乗降客にこの10月からは停車する列車が現行の38本が59本と大幅にふえる。野幌では下りの長い貨物列車を追越してお先に失礼。原始林の間を進むと仕事をしていた保線区員が線路わきで笑顔で手を上げる。江別に近づくと左手に北海道電力と北日本製紙の煙突が煙をはいている。

駅を出てゆるいカーブをえがきながら、国道12号と並行してしばらく石狩川沿いに走る。対岸には河川改修工事に使うDLが、トロッコとともにおかれているのが車窓からのぞまれる。数年前まではSLが白い煙をあげていたのだが。このあたりの線路の両側はとうもろこし畑で赤茶色のひげが陽にはえている。豊幌から幌向・岩見沢にかけては米どころ空知100万石の名のとおり、右も左も水田地帯。青々とした稲がすがすがしく感じられる。札幌からは各駅とも乗降客がすくなくガラガラの空席を残したまま終着駅岩見沢へ近づく。広いヤードの岩見沢操車場を左に、9600やD51が押したりひいたりしている脇で車両基地新設工事がたけなわ。

場内注意信号で運転台のATSブザーが鳴る。次の信号は赤、何が邪魔しているのか、少し早すぎたかな？待つことしばし、やがて橙に灯が変わるとしずしずと動き出し、4番ホームに到着する。助役さんに出迎えられ711系一番電車は無事その務めを終えた。

（鉄道ピクトリアル　昭和43年10月号掲載より抜粋）

Photo：上野幌—北広島　Tomo

赤い電車　711系の歩み

星　良助（鉄道史家）

　ヨン・サン・トオの白紙改正を前に昭和43（1968）年から平成27（2015）年まで、47年もの長い間、北の大地を走り回った「赤い電車」711系は、最盛時には114両、38編成の大所帯を誇っていた。

　在来線初の交流電車として技術の粋を集めた「赤い電車」も、後輩に道を譲るため最後を迎えるときが来た。

　この「赤い電車」のたどって来た路を、簡単に振りかえってみよう。

函館本線の電化工事

　昭和41（1966）年1月、函館本線の電化工事は最初に朝里－小樽築港間の熊碓トンネルの下り線から始まった。このため同トンネルの朝里口側と、小樽築港駅口側に、単線運転に切り替えるポイントが設けられた。

朝里－小樽築港（1966年）

　同年秋には電気を流す架線を張る電柱の「電化第一号柱」が手稲駅構内に建植され、それを示す記念プレートが貼られている。

手稲（1966年）

電車試運転

　「赤い電車」の試運転は、昭和42（1967）年2月11日から19日まで、まず電化工事の出来上がった手稲－銭函間で一日昼夜を通して7往復が始まった。国鉄初の寒冷地での交流電車の仕様を確かめるために開業の一年半前から開始されたもの。

手稲（1967年）

　試運転に使われたのはクモハ711-901＋クハ711-901（汽車東京製）とクモハ711-902＋クハ711-902（日立製作所製）の試作車4両が供された。試作車の車体の特徴としては、

　　汽車製…ペアガラスの二段窓、折戸式側扉
　　日立製…普通ガラスの二重窓、引戸式側扉

で、台車・モーターなど細かい点に違いが見られる。

　その後試験区間は徐々に延長され、秋には朝里まで、12月25日からは札幌－小樽間で行われた。

小樽（1967年）

試運転初日は白雪に包まれた小樽駅で電化運転開始式を開催。大きなヘッドマークをつけたクモハ711-901＋クハ711-901の2連が、さっそうと紅白のテープをきって札幌へ向けスタートしていった。

以後電化工事の延伸に伴い、訓練運転を重ねて、翌昭和43(1968)年8月28日開業の日を迎えることが出来た。

小樽−滝川間営業開始と第一次量産車の誕生

これまでの試作車のさまざまなテストの結果をふまえ、1M2T編成の第一次量産車が誕生。

モハ711-1～9、クハ711-1～16の計25両と試作車4両を加えて10編成が出来て、とりあえず気動車列車の時刻のまま6往復が電車化された。

同年10月1日「ヨン・サン・トオ」の白紙改正で、小樽−滝川間に27本の電車列車が誕生、同区間に急行801M・802M「かむい4・3号」1往復が増発された。

旭川まで延伸と第二次量産車の誕生

翌昭和44(1969)年10月1日、工事の難所であったカムイコタンを新設の神居トンネル（4,523メートル）で乗り越えた架線はついに道北圏の中心地旭川に達した。

同時に札幌−旭川間の気動車急行「かむい」9往復中7往復が711系電車化されて、所要時間を最短1時間54分と短縮し利用客に喜ばれたのである。

これを機会に第二次量産車が誕生。電動車は電気回路を変更したので50番代とした。モハ711-51～60、クハ711-17～36の計30両10編成が出来て、混雑時には9両編成を見ることが出来た。

急行「かむい」〜「さちかぜ」

電車化された急行「かむい」7往復は、昭和46(1971)年7月1日に1往復がノンストップ運転で急行1801M・1802M「さちかぜ」と命名された。旭川発8：00、札幌着9：37。札幌発17：40、旭川着19：19という便利さを売りものに、所要時間は1時間37分で、現在の特急「スーパーかむい」（途中岩見沢・美唄・砂川・滝川・深川停車）1時間25分にひけを取らない。

さらに、この急行「さちかぜ」は、札幌−小樽間を快速877M・852Mとして延長運転された。

昭和47(1972)年3月15日のダイヤ改正では、急行「かむい」3往復を増発して、札幌−旭川間では急行列車を1時間ごとに等時間隔運転（電車9、気動車8、客車3）し、利用しやすくなったのである。

この運用は昭和50(1975)年7月17日迄の4年間つづき、翌18日から485系1500番代のL特急「いしかり」（2時間毎発車）に道を譲った。上り1号・下り6号の1往復は「さちかぜ」同様ノンストップ運転で所要時間は1時間36分。

同年11月1日改正で急行「かむい」の711系電車の運用は廃止された。

その後函館本線のエースの座は昭和54(1979)年3月19日改正で485系1500番代から781系に変わり、昭和61(1986)年3月3日にはノンストップ特急「ホワイトアロー」誕生に引き継がれ、さらに、平成2(1990)年9月1日からは785系「スーパーホワイトアロー」へ。現在の789系1000番代特急「スーパーカムイ」（毎時00分・30分発車）は平成19(2007)年10月1日改正からその後を継いでいる。

千歳・室蘭本線電化と第三次量産車の誕生

昭和55(1980)年10月1日から千歳線と室蘭本線沼ノ端−室蘭間の電化が完成し、千歳空港駅までの「空港ライナー」に使用され、北の玄関口千歳と札幌との連絡に、また苫小牧・室蘭までの運転で活躍した。

これを機会に第三次量産車が誕生、100番代とした。

モハ711-101～117、クハ711-101～120、クハ711-201～218の計55両17編成が出来て、変則1編成・試作車2編成の計38編成・114両のグループが出来上がった。

電車列車増発

昭和59(1984)年2月1日から札幌圏の列車本数を増すために6両編成14本と3両編成5本を、3両編成33本の運転とし、手稲−札幌−江別間のフリークェントサービスを実施した。

富浦（1994年）

「くる来る電車ポプラ号」

　札幌圏のフリークェントサービスを看板に、昭和59（1984）年12月16日から3連で頻繁に運転される列車をイメージした「くる来る電車ポプラ号 SAPPORO」のヘッドマークを付けた普通電車が走りだした。

　これを機に今までの赤2号＋前面クリーム4号から、現在の赤1号＋クリーム1号帯に塗装が変更された。

一部三扉化

　昭和62（1987）年9月から混雑をやわらげるため、クハ711形の一部6編成に三扉化が行われた。

　また、昭和63（1988）年3月13日から、快速「マリンライナー」の運転が始まった。

三扉改造車			製造所
S 1編成	クハ711- 1	クハ711- 2	汽車東京
S106編成	クハ711-106	クハ711-206	東急車両
S111編成	クハ711-111	クハ711-211	川崎重工業
S115編成	クハ711-115	クハ711-215	日立製作所
S116編成	クハ711-116	クハ711-216	日立製作所
S117編成	クハ711-117	クハ711-217	日立製作所

札幌圏へ集中

　札幌駅の高架化工事完成に合わせて行われた昭和63（1988）年11月3日ダイヤ改正から後輩の721系24両が登場。この721系は2M1T編成で快速「空港ライナー」「いしかりライナー」として711系と共通運用された。

　札幌圏では手稲・小樽方面へ快速4本・普通2本を増発、江別・岩見沢方面へ快速6本・普通6本を増発、恵庭・千歳空港方面へ快速10本・普通9本を増発とJR北海道となって初の大サービス。

快速「エアポート」に

　平成4（1992）年7月1日改正で今までの千歳空港の隣に新千歳空港が誕生した。これに伴い新ターミナル地下へ直結する南千歳（旧千歳空港）−新千歳空港間2.6kmが単線電化で開業した。今までの快速「空港ライナー」は、快速「エアポート」と改称され、721系専用となったため711系は運用から外されてローカル専用となった。

　平成9（1997）年3月22日改正から朝の2往復が711系で復活し、翌10（1998）年4月11日改正まで一年間ファンを楽しませてくれたのも語り種のひとつ。

稲積公園（1994年）

731系の登場と初期車の廃車

　平成8（1996）年に登場した731系電車は、711系の置換えとスピードアップを目的として、平成11（1999）年までに合計19編成・57両が製造され、試作車を含む第一次量産車と第二次量産車の一部が順次廃車された。その後、平成18（2006）年には第二次量産車までの全車車籍が抹消された。

冷房設置

　平成13（2001）年度には、第三次量産車100番代17編成のうち9編成27両が、分散式冷房設備設置の改造を受けて最後まで生き延びた。

　これ以外の車両は新製以来扇風機のみであった。ただしS112編成は平成7年に開発試験のためクールファンが設置されたが、水漏れが発生し、平成18年に廃車となった。

冷房改造車	クハ711形	モハ711形	クハ711形	製造所
S101編成	101	101	201	東急車輛
S102編成	102	102	202	東急車輛
S103編成	103	103	203	東急車輛
S104編成	104	104	204	東急車輛
S105編成	105	105	205	東急車輛
S107編成	107	107	207	川崎重工業
S108編成	108	108	208	川崎重工業
S109編成	109	109	209	川崎重工業
S113編成	113	113	213	日立製作所

リバイバル塗色に塗り戻し

　平成23(2011)年、観光キャンペーンの一環で、冷房装置搭載や三扉化改造をしていないS110編成がデビュー当時の赤2号＋前面クリーム4号のリバイバル塗色に塗り戻された。翌年にはS114編成も塗り戻されている。

室蘭本線での活躍

　721系と731系の増備に伴い、次第に札幌−苫小牧での711系の活躍の場は狭まった。平成16(2004)年3月13日改正では、朝晩の札幌運転所からの送り込み・返却以外は、苫小牧−室蘭間のローカル限定運用となり、同地区での活躍は平成24(2012)年10月26日までの8年半で終わることになる。これは札沼線電化により余剰になったキハ143系がワンマン化されて交替する羽目に陥ったもの。

学園都市(札沼)線へ進出

　札沼線(愛称・学園都市線)は桑園−北海道医療大学前間の電化が完成し、平成24(2012)年6月1日ダイヤ改正で当初は電車と気動車の二本立て運用が始まった。

　その時は後輩たる731・733・735系とキハ143・200系の運用であったが、同年10月27日改正で全列車が電車化され、今まで室蘭本線で活躍していた711系の編成が札幌−石狩当別・北海道医療大学前間に朝混雑時各1往復が走り始めた。

　しかしこの線での寿命は短く、僅か1年半後の平成26(2014)年3月15日限り運用廃止という美人薄命の札沼線行脚であった。

　その後も着々と増備される733系は、711系が全廃される頃には、3両編成が21編成・63両、6両編成が5編成・30両という大所帯が形成されることになる。

引退記念ツアー

　平成26(2014)年度での711系全廃が報道発表され、平成26年10月5〜6日JR北海道による引退記念ツアーと銘打って、第一日は旭川→小樽→札幌→千歳→苫小牧→室蘭(泊)。第二日は室蘭→札幌→北海道医療大学前→札幌→旭川のコースでお別れ運転が行われた。

　列車はリバイバル塗色のS110編成の3両編成で「ありがとう711系」のヘッドマークを付け、行き先幕には「団体」としてあった。

最後の運転

　平成27年春のダイヤ改正で運用がなくなり、北海道電化のパイオニア711系はその姿を見ることが出来なくなった。JR北海道では、最後を飾る711系電車に2月18日から最終日の3月13日までは「くる来る電車ポプラ号」「マリンライナー」「空港ライナー」「いしかりライナー」のマークをモチーフにした4種類の「さよなら711系」のヘッドマークを付けて運行した。

　最終列車は3月13日のS111編成とS116編成による第144M列車、岩見沢発7：49、札幌着8：38の時刻で運転された。

　北国の電化の先達となった711系…。

　47年間長い間ご苦労様でした、とねぎらいの言葉を贈りたい。

参考文献

真宅正博「711系量産形電車」
　鉄道ピクトリアル　昭和43年10月号
池川哲夫「北海道国鉄輸送史10年間の変遷」
　鉄道ピクトリアル　昭和55年12月号
三宅俊彦「711・781系電車　運転のあゆみ」
　鉄道ピクトリアル　昭和64年3月号
富永昌嗣「北の大地を駆け抜けた711系」
　鉄道ファン　平成27年3月号

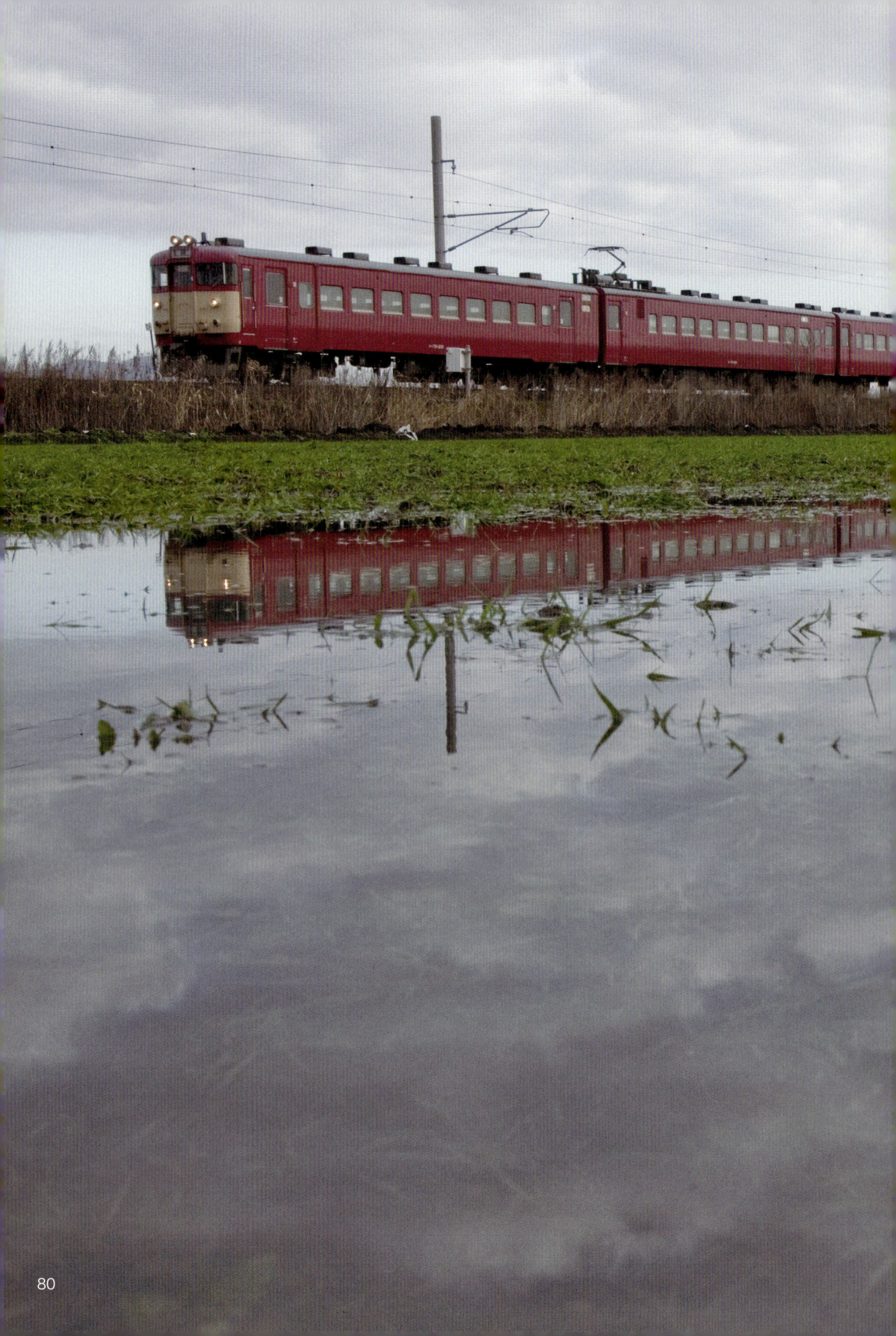

「私の通勤電車」－711系

　711系、道外からの移住組の自分が抱いていた思いは、ほかの方々とはちょっと違うのかもしれない。
　10余年前に初の札幌勤務が決まり、旧国鉄線、つまりはJR線で「通勤をするため」"トレインビュー"の琴似駅前に住み始めた。当時すでに少数派だった赤電が札幌駅に居れば、数本先行させてでもその列車に2駅乗り、旅気分で帰宅していた。
　曲面ガラスの下に前照灯という711系の顔は、153系東海形以来の国鉄電車標準仕様。同じ顔なのに車体は二重窓、という点に、たまらなく「国鉄」を感じた。
　全旅客会社に引き継がれた同期たちも、次々と引退の時期を迎えている。711系は最も過酷な環境を走り抜いた割には、生き永らえた方と言えるのかな…。

伊丹　恒

Photo：石狩当別−石狩太美　Tomo

Photo：白石−苗穂　Iku

Photo：小樽 Iku

小樽ー江別
OTARU EBETSU

モハ711-8

Photo：小樽 Iku

Photo：厚別−森林公園　Tomo

Photo：桑園 Iku

Photo：石狩当別−石狩太美　Katsu

Photo：銭函　Tomo

Photo：朝里─銭函　Tomo

鉄道リアリズムの消滅

汽車に乗る。座席に座る。向かいの席にも誰かが座る。
「ちょっと窓を開けてもいいですか」
「ああ、どうぞ。暖かくなりましたね」などという会話が交わされる。
ホームのざわめきが入ってくる。
立ち食いソバのいい香りも流れてくる。

発車。
鉄臭い線路の風がゆるりと舞い込み、
郊外に出れば、それは緑の薫りに変わる。
ガラス越しではない生の風景が流れ、
土の匂いが広がり、
一生懸命走る列車の鼓動がじかに伝わってくる。
それが鉄道旅行であった。

全てが本物だった。
過去形でしか表現できないのがやるせない。
それができた赤い電車は、もういないのだから。

眞船　直樹

Photo：森林公園-大麻　Mafu

Photo：豊幌　Iku

Photo：納内 Iku

Photo：納内 Iku 91

711系電車　最終列車乗車記
2015年3月13日　美ノ谷　忍

　私が生まれる前から走っていた711系国鉄型電車（通称：赤電車）が、今年度限りで引退するという報道を聞き、とても寂しい気持ちになった。それからは毎朝の通勤や、出かけるときに時間が合えば、必ず赤電車に乗るように心掛けていた。

　2014年8月のダイヤ改正。ついに、札幌～岩見沢間の運転は、岩見沢→札幌の朝の144M、札幌→岩見沢の夜の285Mのみとなってしまった。このダイヤ改正の少し前から、朝の通勤時間には赤電車を選ぶようにしていたが、ダイヤ改正直前に、別の車両で運用されることがあった。「もしや、この時間も赤電車ではなくなってしまうのだろうか？」と不安になったが、ほどなくいつもの赤電車に戻ってくれた。それからは、できる限りこの電車に乗ることを心掛けることにした。

　そして毎日乗ること7か月。ダイヤ改正の約1か月前、赤電車の最終列車は偶然にも、いつもの朝の144Mになるとの発表があった。毎日乗っていた通勤列車が最終列車になるということは想像していなかったので、嬉しい反面、それが寂しくもあり、複雑な気持ちになった。

　ついにやってきた最終運転の日～2015年3月13日。私は、いつも乗る江別駅からではなく、少しでも長く堪能するため、そして、別れを惜しむ鉄道ファンで混雑するのではないかと思い、通勤経路とは逆方向、最終列車の始発駅である岩見沢にまずは向かった。案の定、逆向き列車には、最終列車に乗ろうとする方々が多数。岩見沢に向かう車窓から見える景色は、前日に降った雪が、赤電の最後のはなむけなのかと感じるくらい、素敵な舞台装置になっていた。そして、岩見沢駅のホームには、多くの人がカメラを片手に、赤電が来るのを待ち構えていた。

7時49分、144Mは定刻で岩見沢を発車。車内はいつもよりやや混雑している様子だが、鉄道ファンだけでなく、普段通りの通勤客もちらほら。出発後、この列車のおいたちや今日のこの列車が最終運転になることが車内放送。このアナウンスで、ぼんやり感じていた最終列車のイメージが実感できた。その後、各駅で撮影する方々や、駅員さんが列車を見送る姿を見るにつけ、ますます「最後なんだな」という気持ちが高まってきた。いつも乗車する江別を発車すると、一駅一駅がますます早く感じてきた。さらに、次々と駅に到着する度に、カウントダウンをされている気持ちにもなってきた。

　札幌駅到着前、あらためてこの列車が最後で営業運転を終了する旨の、とても印象的な放送が流れた。「1968年、昭和43年から、47年に渡り運転してまいりましたご乗車の赤い電車、711系は、本日、この札幌駅到着をもちまして、定期営業運転の役目を終え、引退いたします。皆様におかれましては、長年にわたるご愛顧、誠にありがとうございました。どうぞこの電車との思い出も、お忘れになりませんよう、少しでも長くご記憶に留めていただけましたら、幸いでございます」

　札幌駅では多数の鉄道ファンが出迎えていた。いつもの通勤風景とは違う感じだ。ありがとうの横断幕もかかげられ、本当に最後という感じがした。そして、定刻より3分遅れて到着した赤電車のまわりには人・人・人。最後の別れを惜しんでいるかのようだった。8時49分、役目を終えた赤電車の回送は、定刻で札幌駅を後にした。いままでたくさんの人の思い出の1つになったであろう赤電車。

　本当にありがとう。

Photo：光珠内−美唄　Tomo

Photo：旭川　Yoko

Photo：岩見沢　Yoko

Photo：岩見沢　Yoko

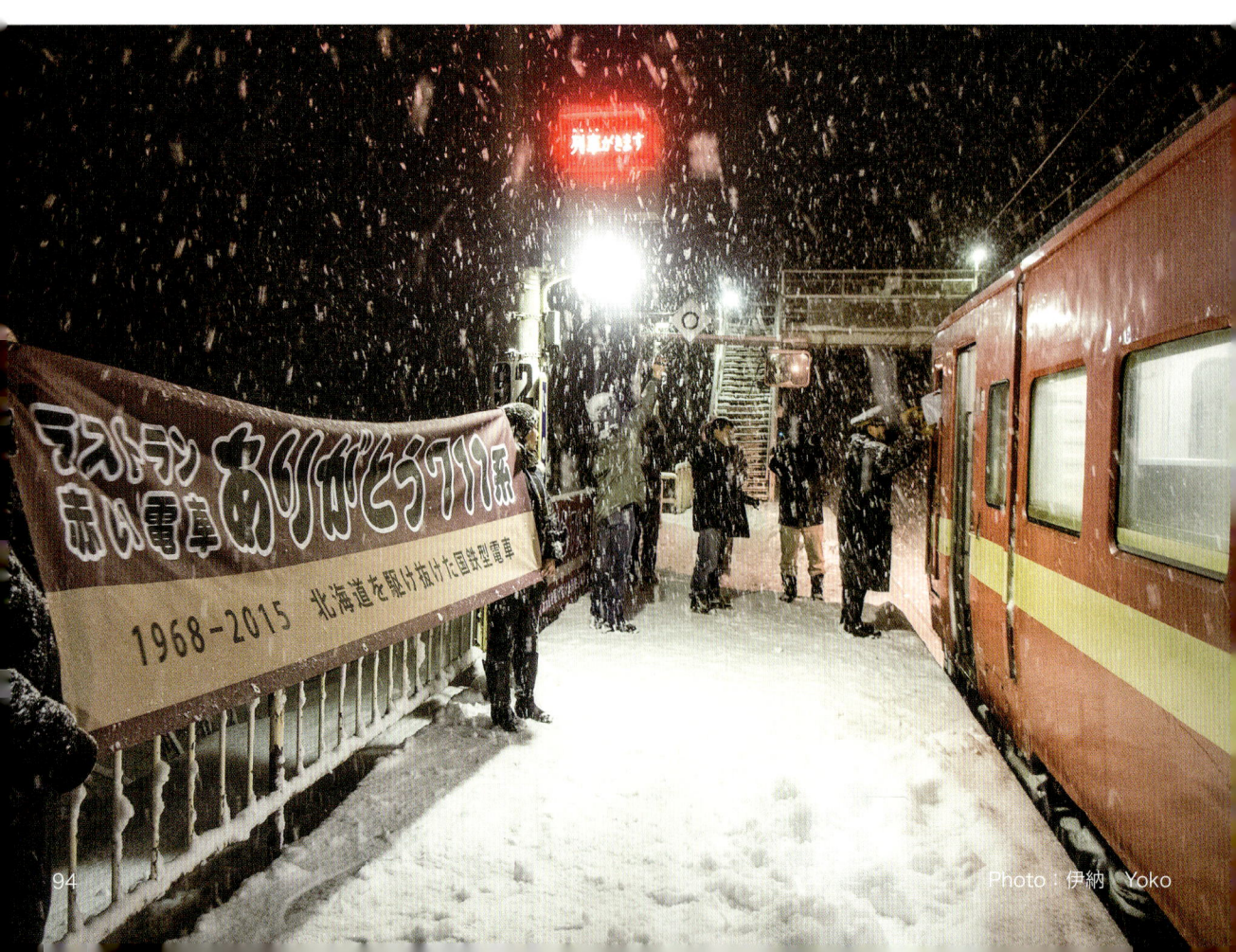

Photo：伊納　Yoko